U0102766

就愛100%
經典時尚
手作包

　　首先要感謝二哥娶了二嫂，成就了「二嫂的店」。也因此接觸到許多熱衷創作、喜愛布料的朋友。尤其是兩位相知相惜，傾力相助的友人。

　　顏杏玲，車工一流，再難的版型也能一一克服。

　　陳玉萍，配色出神入化，再平凡的布也絕對讓人驚艷。

　　感謝她們一路相挺，還有許多客人的創作分享，才能讓店內每個包款都受人注目，也正因每個包都有一段友誼的故事，讓我深刻體驗到分享是如此快樂的事。

　　從以利為出發點的商人，到懂得回饋別人，這一路走來驚覺自己得到的太多，而付出的太少，沒有這些支持二嫂的朋友，就沒有這本書的誕生。這是一本由大家共同創作及理念所結合的成果。

　　獻給所有支持「二嫂的店」的朋友！

我的手作之路

　　學習手作一切都是從臨摹開始，看到喜歡的包，就會想著要如何DIY親手做出來，由於喜歡的包款多半是由皮革製成，要轉換成布料，在製版及製作上，著實花了不少精神，尤其是配件的尋找與搭配。

　　其實手作包並不困難，也可以做出很有質感的作品來。記得有一次從精品櫥窗店中，看到一個很特別的包款，於是隨手拿了一個紙袋，當街就折了起來。回家後，馬上動手，趁著還有印象，趕緊找出平日收藏的配件和布料，一鼓作氣，就把包給完成。

　　在創作的過程中，常自覺創作的意念一但冷卻就容易消極，當一個又一個不同的包款陸續從我手中完成，那種滿足與成就感只有在手作中才能充分獲得，更勝於花錢買一個一樣的包。

　　常常遇到進門的客人，望著包包喊著「好漂亮哦！一定很難做吧！」

　　在積極的詢問中，得知剛入門的新手對於做大包很沒有信心。這時我會問：「會做束口袋嗎？」，通常她們會直覺那種簡單的袋子，跟這款大包有何關連？經由解說後，這些可愛的顧客都能輕易上手，並與我們分享開心的創作過程。讓我很享受引領別人進入手作的快樂。

C o n t e n t s

Part 4　就愛托特大包

Part 5　動手作

P.S 1.書中的版權布由清原株式會社提供

　　 2.（作品前標示 ●）表示附原寸紙型作品

● 基本工具

A 拼布綜合針

拼布專用的各式縫針，盒子上有編號1-6，號碼越大針越細。

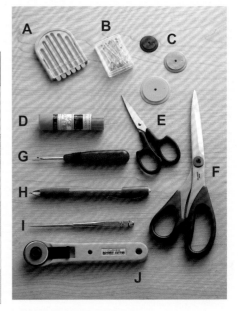

綜合針	針的種類	直徑(mm)	長度(mm)	數量	拼布小常識
1	貼布針	0.46	28.8	2	針頭細，針軸細軟，適合於貼布時使用，會讓針孔較小。
2	壓線針NO.8	0.61	28.6	4	壓線針較短而硬，壓線時更為立體。
3	接縫針NO.9	0.56	34.8	4	縫針較長而有彈性、若用於壓線時容易彎曲。
4	疏縫針	0.76	49.2	2	疏縫線較長且粗，亦可用於刺繡和疏縫用。
5	接縫針NO.8	0.64	36.4	4	較9號粗，適合較厚的布料。
6	壓線針NO.9	0.53	27.0	4	壓線針分別為8、9、12號用於厚、中間、薄布料。

B 珠針

便於固定多層布和布與布的位置，在縫製時不會跑位，是非常實用的輔助工具之一。要注意的是，若珠針太粗，有時不太適合用在拼布上，車縫時，容易造成縫針斷針的情形。建議買日本的紅白珠針較細，可用在車縫時的固定，直接車過去沒問題。珠針頭為玻璃材質，即使熨斗的高溫，也能安心使用。

C 奇異輪（又稱縫份圈）

方便繪製所需縫份，有四種尺寸：3mm、5mm、7mm、1cm，可針對作品來選擇。製作袋物常用的縫份，則是7mm及1cm兩種。

D 布用口紅膠

便於暫時固定一部分的布、不織布、襯及細小地方的黏貼，不需使用珠針。不會破壞布的質感，水洗後即可清除。

E 線剪

小巧便利適合剪線，也適合做牙口、小塊布料裁剪及其他細部的修剪。

F 布剪

適合裁剪大小布塊。分普通的布剪和防布逃的布剪。防布逃布剪，細齒刀口可以固定裁剪布料。布剪只適合剪布，不可拿來他用，以免影響刀刃的銳利度。

G 拆線刀

保護端點有處理，不怕刺傷布，拆線及開釦眼都很方便。

H 水溶性細字鉛筆（記號筆）

適用於細緻綿布或淡色布料上。

I 錐子

可做為打洞工具。製作袋物時，便於將四邊的角挑起。在車縫轉角或圓時，可用它慢慢的推動車縫的布料，讓作品更精準無誤。

J 滾刀

適合布、鋪綿、紙及各種柔軟材質之大面積切割。
刀片尺寸分別有45mm和28mm、18mm，依照裁切的布塊大小來選擇。
使用方式：
1. 緊貼裁尺，垂直於布面，往前裁切。
2. 需要的布面壓在裁尺下，且一次裁切的範圍要在裁墊的範圍內。
3. 裁尺有印刷的面朝下，可增加與布的抓力。
4. 滾刀需單一方向往前裁剪，勿來回滾動，對布、尺及滾刀都會造成磨損。
   不確定是否裁斷時，不要移動裁尺，輕拉裁尺外的布片，直到完全裁斷才移動。

● 五金配件

A 四合釦：共有釦腳、母釦、公釦、釦面

B 鉚釘：有不同長度可選擇。

C 雞眼（小、大）

D 問號鉤

E 萬用環狀台：適用於各種尺寸的鉚釘及腳釘。

F 打孔器

G 打雞眼工具

● 提把與拉鍊

A 各式各樣的提把：

皮質、織帶…等。提把兩端有不同的設計，與袋物本體接合時，可搭配車縫、雞眼、D字環、日字環、問號勾…等方式，可讓袋物和包包呈現不同的風格。

B 不同長度、材質、不同顏色的拉鍊：

拉鍊齒有不同的材質，鐵拉鍊適合手縫；一般拉鍊適合車縫，初學者使用；塑鋼拉鍊質感好，適合製作外袋袋口。挑選拉鍊時，以織帶染色均勻、無髒點、無抽紗、摸起來手感柔軟、拉鍊齒表面平滑、拉啟時雜音少、拉頭拉啟輕鬆自如不滑落為宜。

● 各式線材

A 彩虹線：

縫線的色彩眾多，以漸層方式顯現。有裝飾性，可為作品呈現不同風貌。

B 皮革專用線：

有分機縫及手縫皮革線，專門用於縫製天然或人造皮革及皮質提把上。

C 車縫線：

除了有眾多顏色外，還分不同材質及粗細。線的粗細需搭配不同的車縫針。也會因布料厚度、材質不同、使用時機的不同，而運用不同的車縫線。

・有專利的醫生包口金

這是台灣第一個申請到專利的醫生包口金。

首先要感謝我的好友・張芝蘭。

任職於大公司的她，雖位居要職，但仍熱衷於包包的創作。某天下午拿了一個DIY的框架包來找我，是她請鋁窗工人幫忙折出來的，比起先前現有的鋁製框架更為輕巧，也更容易置入。二個人興高采烈的討論，提出如果可以在質材上做加強，利用頭尾的包覆性能來止滑，及做出多樣的尺寸變化，一定很有市場。

經由好友同意，我馬上積極尋找素材及廠商，希望能量產出一個好用的醫生包框架。經過一番努力，終於生產出能止滑的醫生包口金，也順利向經濟部智慧財產局申請到專利。更多次接受電視及雜誌的採訪，希望能藉由這個簡易的醫生包口金讓手作包帶來更多的變化。

※ 特色：一個不同於拉鍊、釦鉼，可運用於包包袋口使其全面展開、塑型容易的工具。市面相同形

式的鋁製口金，兩端的螺絲經常鬆動掉落，一旦螺絲不見就無法使用。而這組醫生包口金，相對於作法上，讓人更容易入門，只要做出簡易的束口袋，再置入口金，就能完成一個時尚的醫生包囉！

※ 注意材質：坊間的醫生口金材質種類多樣，有些是利用粗糙的鐵絲與不能止滑的擋頭，雖然不會影響包包的美觀，但對手作者而言，總不希望用二次就壞了吧！所以還是慎選有專利的材質！

P.S. 為感謝讀者的支持，持書購買醫生包口金者，一律七折哦！

Part 1
私房珍藏

經典醫生包

簡單又大方的包型，在大地色系的底布搭配排
列式的條紋下，穩重中又兼具時尚感，最適合
忙碌、低調的上班族。

作法：P75

註：參照光碟示範

夜玫瑰手拿包

低調內斂的包款，似黑夜般神秘的網紗布裡透出一朵朵盛開的玫瑰，皎潔如月光般閃亮，氣質非凡。

·註：醫生包作法相同，請參照光碟。

綠方盒醫生包

透著青春氣息的水玉點點,搭配可愛
的喵喵圖案,簡單不造作的樣式,醫
生包也可以很清新。

作法:P77

俏皮三角醫生包

多了一片的二側內折後，在三角的接點以包釦固定住，讓原本的包款多了一份俏皮的歡樂氣息。

作法：P79

騎士雙口包

好搭又實用的大包,在二側加上皮釦
式的側口袋設計細節,讓簡單的造型
形充滿了搖滾的率性。

作法:P80

小巴黎四方包

四邊底側仿貼皮和立體的鉚
釘，加上利用出芽包繩框的設
計簡潔的方正包款，充滿了復
古的人文氣息。

作法：P82

Part 2
時尚精品包

肩背南瓜包

酷似南瓜的外型，散發出時尚的風味，而顯亮的色系在沈穩的深棕色包圍下，釋放低調奢華的現代感。

註：參考光碟示範

作法：P83

換一塊具有濃烈日本風味的
布款，就是適合率性的你。

東京原味南瓜包

柏金掀蓋包

深受名媛喜歡的經典手提包款，換上
可愛的圖案布和多了旋轉釦的上蓋設
計，在時尚風的加持下兼具女性浪漫
風格。

作法：P68

克洛依方形包

傳統的方形包款，因注入了活潑的COCOLAND英文字母圖案，而創造出甜美的模樣，為時尚OL最愛的手提肩背包。

· 作品欣賞

品味伯爵包

集品味與雅緻的包款，其圓弧的肩線設計，儼然成為時尚的指標，大方、新穎的布面加上多口袋貼面設計，更能顯現不凡的氣質。

作法：P84

註：參考光碟示範

咪兔伯爵包

不想太正式，卻又有能保有時尚的原
素，用法式的浪漫兔改變布面搭配與
金屬釦的重點裝飾，能創造出另一種
清新的風情。

作法：P84

寶格麗手拿包

優雅的紫、精典的格紋,由底部抓皺
的設計,讓包底至包口的山形弧線更
加圓融,時尚派對女王非妳莫屬。

·作品欣賞

賈姬扁包

作法：P86

雖屬同一系列的布面設計，因不同的
包型而賦予全新的優雅品味。

甜心打褶手提包

恬淡的紫，配上水果般
甜甜的愛心，在包中心
簡單的打褶加上二側的
D型釦，時而優雅，時
而率性就隨心變化囉！

·作品欣賞

愛麗絲希臘束口包

袋身的1/3處利用五金釦與細皮帶製造
出腰帶的視覺效果，自然呈現腰身，
帶出大方又俏麗的名品風味。

作法：P88

艾瑪簡約包

換上鮮艷色調，熱鬧開心的氛圍立即渲染開來，結合華麗與實用的手提包，連艾瑪也熱力四射。

作法：同P88

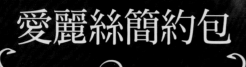

愛麗絲簡約包

少了五金飾品的裝飾，沒有繁複的設計，卻能以高雅簡約的優雅步調演出，這就是簡約包的魅力。

作法：同P88

Part 3
休閒都會包

写布

大溪地海龜風情包

象徵海洋的藍白色系與肩帶的打結設計，襯托出夏威夷的熱情及海龜的悠遊自在。

作法：P89

夏日愛情包

少了俏麗蝴蝶結設計，卻多了一份優雅的肩背弧線，搭配亮黃的內裡，讓整個包精神許多。

作法：同P89

花花小扇包

左右兩件作品雖為同一款版型，但在
尺寸、圖案布與配色布上有不同的變
化，使得扇形的展開弧度更加活潑，
大包小包各顯風情。

作法：P90

音樂花季扇形包

作法：P91

微笑肩背包

流暢的微笑弧線與小折蓋的設計，在圓弧底部與包邊的襯托下，讓扁包的層次更加明顯，也散發出女性獨特的氣質。

作法：P71

散步手提包

手提逛街、約會散步都能一派的休閒、輕鬆，
逛累了就找個角落休憩一下，來杯咖啡吧！女
生，就要做自己！

作法：同P92　　註：參考光碟示範

ELMER THE PATCHWORK ELEPHANT
©2008 David McKee
Licensed by PLAZASTYLE

艾瑪多層小提包

簡約時尚的包款，因高彩度的圖形布
樣，很容易吸引眾人目光，也彰顯出
個人簡單風格。

作法：P92

飛行小提包

可愛的飛行狗圖案，搭配女生最愛的
小圓點當內裡，一款能展現都市中舒
服又自在的休閒品味。

作法：同P92 ●

龐克二用包

雜貨風的亞麻與粗獷的丹寧
布結合，再以獨創馬蹄釦零
件在底部打上立體腳釘，衝
突性的設計，適合都會系的
OL來場冒險。

· 作品欣賞

輕巧樂活多層袋

喜歡悠遊於城市間，以袋中袋的設計增添袋子的趣味
性和機能性，滿足愛逛街的俏麗女子，彷彿多一個提
袋就可以多一份驚喜。

作法：P94

輕騎馬鞍包

率性十足的彎底斜背包，搭配鉚釘與皮帶釦的設計，
讓雙面包可以輕鬆上馬。多層次的口袋，讓都會女性
不論在工作或旅遊中，都能收納自如。

作法：P96

酷酷馬鞍包

樂活當道，幫愛騎車的好友換上非常
man的布面，保證在追風的騎乘下，
絕對不會撞包。

波士頓頑皮包

大容量的波士頓包，是許多女性朋友的最愛，
加上百搭的圓筒設計，不管是白天還是黑夜，
絕對是流行時尚的主角。

享樂波士頓包

出門享樂，大型的波士頓包，能容納
外出時必備的小物又不顯笨重，換上
高跟鞋，提著它又是另一種風情。

作法：P98

仙杜瑞拉
活動雙層包

利用綁帶的設計，創造出包體抓皺變化，而鉚釘釦的異元素結合，打造了二款大容量的輕巧設計，為出遊時最佳的休閒包款。

・作品欣賞

Part 4
就愛托特大包

花花束朵托特包

實用、大方一向是托特包最大的訴求重點，簡潔、素雅的包型配上胸花式的花朵裝點，出席任何場都十分合適。

作法：P99

Y字風托特包

作法：P100

大方、顯明的Y字，讓簡簡單單的包款鮮活了
起來，背著它保證令你備受注目。

三宅托特包

相同的款式，會因布面圖案的改變而讓包有了新風貌，
充滿日本味的報紙設計，是不是很特別呢？

作法：P101

字母小熊托特包

頭戴皇冠的黑白小熊，瞇著眼微笑站在字裡行間，讓簡約、對比強烈的黑白設計包款，有了令人耳目一新的可愛感。

作法：P102

克洛依托特包

容量超大、包型簡單又搶眼，線條的
組合，還帶點復古味道，這就是顯現
時尚品味啊！

作法：同P105

作法：P103

英倫風兩用包

向來具有品味不凡的英倫風，優雅的氣質一直是時尚的指標之一。率氣的大包、可拆式的肩帶、多層袋的設計與貼心的伸縮票夾，充滿濃濃的懷舊風格。

作法：同P103 ○

小婦人二用包

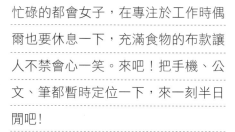

忙碌的都會女子，在專注於工作時偶爾也要休息一下，充滿食物的布款讓人不禁會心一笑。來吧！把手機、公文、筆都暫時定位一下，來一刻半日閒吧！

海洋船錨托特包

藍白海洋系的搭配是夏日不可少
的組合,在二側巧妙的加入當道
的金屬元素鍊帶,是不是更添了
一股優雅的魅力。

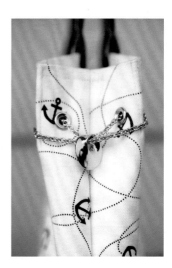

·作品欣賞

若山防水托特包

斜口袋設計，以不規則的
方式、簡單的線條，斜放
於外袋上成為吸睛的焦
點。選用防水材質可保護
心愛物品。

作法：P105

Part 5
動手作

柏金包

材料

裁布：

表布、裡布各3尺　配布2尺　脇邊×2片　內裡式側片×2片
底布×1片　內裡底布×2片

手機袋布1片　開拉鍊布×1片　開拉鍊袋布×1片　表袋蓋×2片
・作品中表布須燙襯，裡布不用。

配件：

提把60cm　銅腳釘4顆　雞眼釦8顆　凸面鉚釘2顆　轉釦1顆　皮帶與皮帶釦一組　內袋拉鍊25cm 1條

完成尺寸：

底14cm、寬34cm、高30cm

作法

依紙型裁好布塊。

二片表布與脇邊接合，從起始點縫至止縫點。

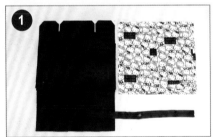

組合袋身。將二片組合好的表布車縫，整燙將縫份燙開。

用珠針將底布與袋身固定後，從中間點開始車縫固定。

製作立體手機袋，並將其縫至裡布上。

在另一片裡布上製作一字型拉鍊口袋。

車縫製作裡袋（步驟與表袋相同）。

車縫袋蓋。將袋蓋表裡布正面相對，四周沿縫份車縫，一側須留返口。

由返口翻至正面，沿邊壓裝飾線一圈。

組合裡袋與表袋。將裡袋裡面與表袋裡面，袋口對袋口車縫一圈，留一返口。

從返口翻至正面後，袋口處車縫一圈裝飾線。

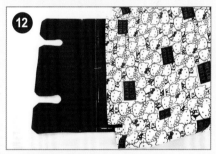

將袋蓋與袋身中間畫出記號壓線。上蓋與袋身車縫。

完成後，裝上提把和金屬釦。

成品。

★一字型拉鍊口袋作法

裁好拉鍊布與口袋布。裡布與拉鍊布分別畫出拉鍊安裝的矩形位置。

裡布與拉鍊布正面相對,沿拉鍊安裝矩形線車縫一圈。

剪開拉鍊口的直線。

拉鍊口邊角剪Y字形。

將拉鍊布從拉鍊開口處翻至另一邊,整燙。

將拉鍊放置在拉鍊口後,車縫矩形固定。將口袋布與拉鍊布正面相對,用珠針固定後,縫合固定。

口袋布翻回背面後對摺,未縫合一端重疊至拉鍊布,縫合固定。

車縫口袋布兩邊。(不要縫到裡布)

完成一字型拉鍊口袋。

微笑肩背包

材料

表布、裡布各2尺　　配布（牛津布）1尺
滾縫邊條4尺　　　　包邊條4尺

配件：
手提把60cm　　　　夾式口環2個
超薄磁釦1組　　　　內袋拉鍊20cm1條

完成尺寸：
高23.5cm、寬30cm

作法

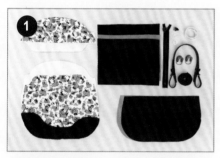

依紙型裁剪所需的表布、裡布與配色布，表布貼邊燙襯，並備好所有材料。

配色布畫出1cm縫份，依紙型畫好打褶處後，轉彎處剪牙口。

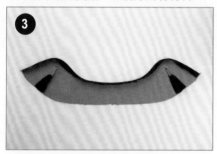

車縫配色布的打褶處。

表布與裡布同樣依紙型畫好打褶處並車縫。

表布與配色重疊壓縫，在打折處壓飾線。

縫上表布與配色布間2mm裝飾線。

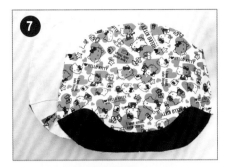

另一塊表布也是同樣做法。

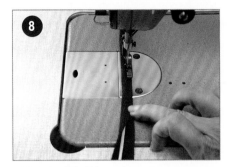

製作包繩（出芽）。

在表布袋口下2cm開始，將包繩沿表布邊緣車縫固定一圈。

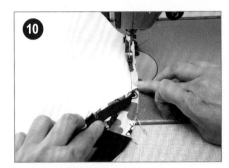

二片表布正面相對，車縫固定。

翻回到正面。

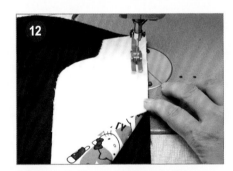

裡布一片與袋口表布正面相對縫合。

另一片裡布與另一袋口布，預留拉鍊位置，其餘車縫，並將縫份燙開。

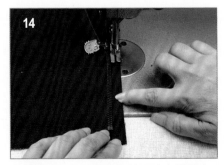

內口袋布二片分別與拉鍊兩邊車縫接合。

拉鍊內袋放置於有預留拉鍊位置的裡布開合處。

將內裡布與拉鍊內袋組合車縫。

拉鍊內袋車縫三邊。

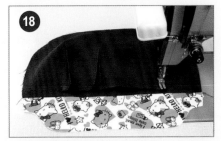

製作立體手機袋後，縫至內袋上。

表布前片與內裡後片袋口布分別裝上磁釦。

裡布二片車縫接合。

裡袋套入表袋。

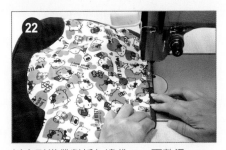

以人形織帶對折包邊袋口，再整燙。

壓上活動式釦環，並穿上提把。

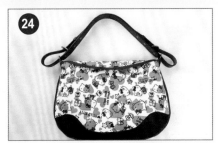

完成。

★立體內隔口袋作法

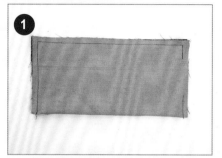

將口袋布正面在內上下對折後，一邊留下返口，車縫三邊。

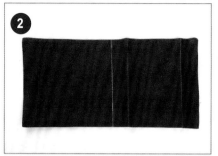

由返口將口袋布翻回正面後，畫出立體口袋兩邊的山形褶縫線。

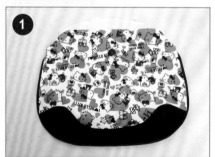

將二條山形褶縫線各自摺疊後，沿邊緣0.2cm處各自車縫壓線。

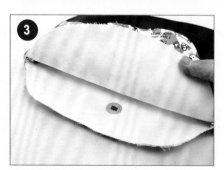

完成立體口袋。

★金屬磁釦安裝

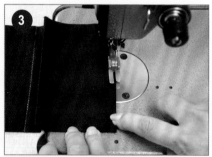

依紙型畫出表布與裡布的磁釦位置後，用筆刀將磁釦腳記號線劃開。

將磁釦腳釘穿入開口處。

★包繩

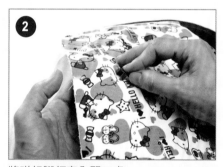

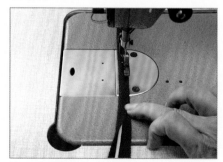

翻至背面，將磁釦的擋片穿入腳釘後，將腳釘往內側壓平，完成。

換單邊壓布腳，將棉繩置於長布條或人形織帶中間，把布對摺後，沿棉線邊車縫長布條。即完成包繩。

經典醫生包

布料所需尺寸

表布（燙襯）：58x28cm x2片 表底布（燙襯）：58x28cm x1片 裡布：58x80cm x1片（縫份1cm）

所需配件

提把、外袋拉鍊60cm、內袋拉鍊25cm、專利醫生包口金(高)x1對

拉鍊皮片x2　蕾絲緞帶x5尺　腳釘x4

包款長 / 寬 / 高

底：18cm　寬：43cm　高：25cm

作法▶

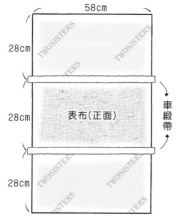

1 表布依圖示拼接，車緞帶。

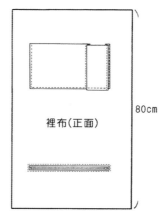

2 裡布依個人需求加裝內袋。

3 將表布與裡布正面對正面車縫。

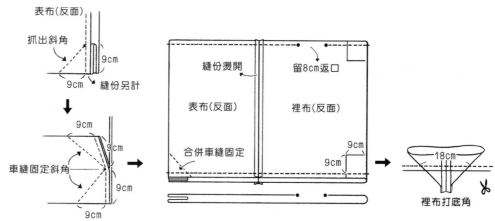

4 表布底部往內摺9cm，依照圖示車縫立角。

5 裡布攤平，分別車縫左右兩側，一邊留8cm返口，底部抓18cm打底角。

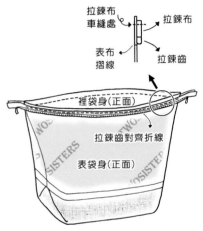

6 從返口將袋子翻回正面後整燙，返口處以藏針縫方式縫合。

7 袋口往內摺2cm後燙摺線。

8 翻開袋口，拉鍊齒與袋口摺線對齊，拉鍊布朝上拉鍊齒朝下，車縫拉鍊布最外側 。

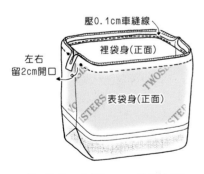

9 將袋口內摺2cm，最下方壓0.1cm車縫線，左右兩側需留2cm開口。

10 整燙，上把手，拉鍊尾加裝飾，穿口金。完成。

綠方盒醫生包

布料所需尺寸

表布點點（燙襯）：16x72cm x1片 表布（燙襯）：31x72cm x1片 裡
布：45x72cm x1片

所需配件

提把、皮片釦x1組、專利醫生包口金21cmx1對、蕾絲緞帶x70cm、
內袋拉鍊20cm

包款長 / 寬 / 高

底：12cm 寬：21cm 高：26cm

作法▶

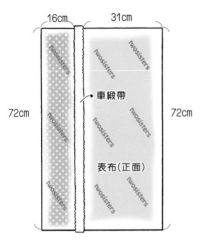

1 表布依圖示拼接，車緞帶。

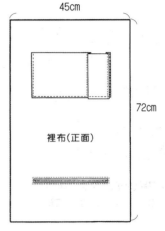

2 裡布依個人需求加裝內袋。

3 將表布與裡布正面對正面車縫。

4 表裡布分開車縫左右兩側，裡布一邊留8cm返口。

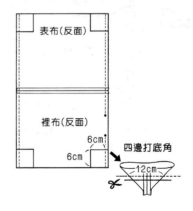

5 表裡布四邊底角抓12cm寬，分別車縫固定。

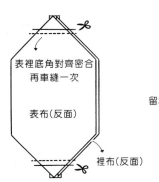

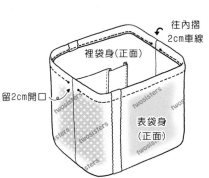

6 表裡底角對齊密合再車縫一次,剪掉多餘部分。

7 利用返口將袋子翻回正面,將返口以藏針縫方式縫合。

8 將袋口往內摺2cm燙摺線,壓0.1cm車縫線,左右兩側需留2cm開口。

9 整燙,上提把、皮釦。

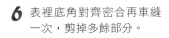

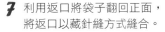

取下口金前端塑膠套

由開口處穿入口金

套上塑膠套

10 依照圖示穿口金。

完成。

口金包尺寸對應表

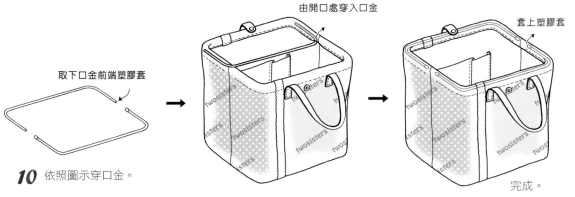

	14cm	17cm	21cm	(短)29cm	(高)29cm	35cm	39cm	
寬(A)	35cm	36cm	45cm	50cm	58cm	58cm	58cm	
長(B)	60cm	66cm	72cm	70cm	84cm	84cm	84cm	
截角(C)	11cm	12cm	12cm	15cm	17cm	17cm	17cm	

俏皮三角醫生包

布料所需尺寸

表布(燙襯)：50x70 x1片　裡布：50x70 x1片　包邊條：5尺

所需配件

提把、專利醫生包口金x1對、包釦x2、外袋拉鍊50cm、內袋
拉鍊25cm

包款長 / 寬 / 高

底：15cm　寬：29cm　高：18cm

• •

作法▶

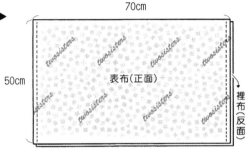

70cm

50cm

表布(正面)

裡布(反面)

1 裡布依個人需求加裝內袋。

2 表布與裡布背面對背面車縫兩側。

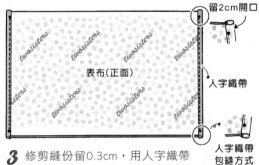

留2cm開口

表布(正面)

人字織帶

人字織帶
包縫方式

3 修剪縫份留0.3cm，用人字織帶
包邊內摺1cm，最下方壓0.1cm車
縫線，左右兩側需留2cm開口。

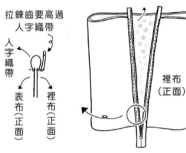

表布(正面)

拉鍊齒要高過
人字織帶

人字織帶

表布
(正面)

裡布
(正面)

裡布
(正面)

4 拉鍊布最下方與人字織帶邊
緣對齊，車縫上拉鍊。

兩側車合
包縫人字織帶

裡布
(正面)

5 裡布朝外，將拉鍊置中，兩
側車合，包縫人字織帶。

6 袋子翻回正面，整燙，上
把手，穿入口金。

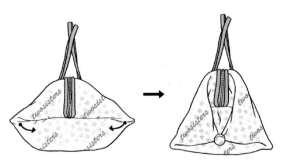

7 將袋身兩側往中間抓出一個三角
形，用包釦縫合固定。完成。

騎士雙口包

布料所需尺寸

表布(燙襯)：4尺　裡布：4尺　配布：1尺　滾邊條：9尺　包邊條：6尺

所需配件

中間隔層拉鍊25cm、內袋拉鍊25cm、肩背提把69cm

皮片釦x2(或者是銅轉釦)、銅腳釘4顆、奇異襯x3尺

包款長 / 寬 / 高

底：15.5cm　寬：37cm　高：35cm

作法▶

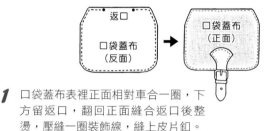

1 口袋蓋布表裡正面相對車合一圈，下方留返口，翻回正面縫合返口後整燙，壓縫一圈裝飾線，縫上皮片釦。

2 口袋蓋布依紙型標示位置固定在表底布。

3 外口袋布表裡正面相對車合一圈，下方留返口，翻回正面縫合返口後整燙，袋口壓縫裝飾線，依紙型標示車摺線。

4 口袋蓋布往下一公分，將外口袋布固定在表底布上，先車縫左右兩側，下方抓摺後車縫底部。

5 底布穿角釘，滾出芽。

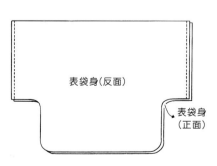

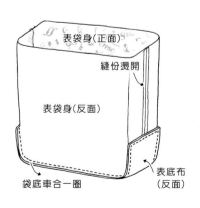

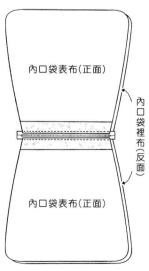

6 前後表布燙襯，正面相對車合側邊。

7 表布袋身與表底布中心點對齊中心點車合一圈。

8 製作內口袋。口袋表布上方依圖示拼接，表裡內口袋布夾車拉鍊，壓縫裝飾線。

9 內口袋袋身疏縫固定。

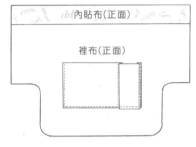

10 前後裡布依個人需求加裝內袋，依紙型上方拼接內貼布。

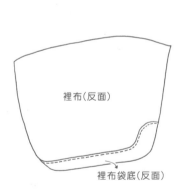

11 裡布下方接合裡袋底。

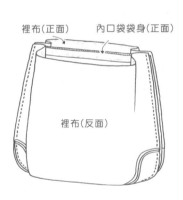

12 裡布正面相對夾車拉鍊口袋。

13 表布袋身先上提把，裡布袋身再套入表布袋身，背面對背面袋口車合一圈，用人字織帶包邊。完成。

小巴黎四方包

布料所需尺寸

表布(燙襯)：2尺　裡布：3尺　配布：1尺　包邊條：12尺

所需配件

提把、外袋拉鍊58cm、內袋拉鍊33cm、銅腳釘4顆

包款長 / 寬 / 高

底：13cm　寬：34cm　高：21cm

作法▶

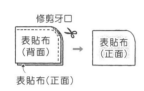

1 製作前後貼布。表裡正面相對如圖車縫兩側，翻回正面後整燙。

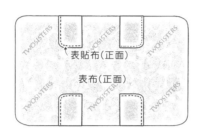

2 依紙型標示將表貼布固定於表布上。

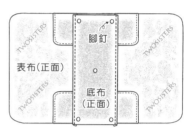

3 表布貼縫底布，上腳釘。

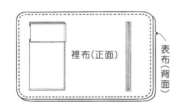

4 裡布依需求製作內袋，與表布背面對背面固定疏縫。

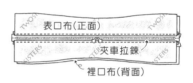

5 對齊中心點，表裡口布夾車拉鍊。

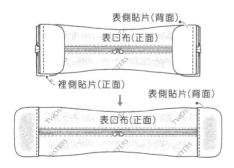

6 將拉鍊口布置於表側貼片與裡側貼片之間，車縫固定後翻回正面，車縫裝飾線固定裡外接合側片。

7 對齊中心點，袋身車合一圈。

8 縫份用人字織帶包邊，上提把。完成。

肩背南瓜包

布料所需尺寸

表布(燙襯)：3尺　裡布：3尺　配布：1尺　滾邊條：2尺

所需配件

內袋拉鍊25cm、肩背手把60cm、銅腳釘4顆、雞眼釦8顆、
超薄磁釦x1、圈環x2

包款長 / 寬 / 高

底：16cm　寬：37cm　高：28cm

作法▶

1 中間片表布兩側距離上方3cm起滾出芽。

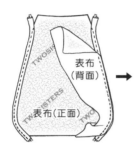

2 中間片與左、右片表布車合，出芽倒向外側，內側壓縫裝飾線。

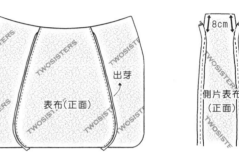

3 側片表布依圖示高度滾出芽。

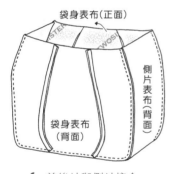

4 前後片與側片接合。

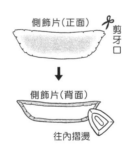

5 側飾片依紙型將布邊往內摺燙，轉彎處剪牙口。

6 將側飾片貼縫於表袋身。

7 前後袋身裡布依個人需求加裝內袋，並與側片裡布接縫袋底。

8 裡布袋身正面上磁釦，套入表布袋身，背面對背面於袋口車合一圈。

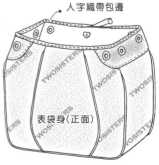

9 袋口處用人字織帶包邊，打雞眼釦，穿銅環，上提把。完成。

品味伯爵包

布料所需尺寸

表布(燙襯)：4尺　裡布：3尺　配布(燙襯)：1尺　滾邊條：10尺　包邊條：8尺

所需配件

內袋拉鍊20cm、皮片x2、問號鉤x1、D型銅環x1、轉釦x2

包款長 / 寬 / 高

底：12cm　寬：34cm　高：30cm

作法▶

1 前後表布依紙型接縫下貼布，壓車裝飾線。

2 縫下皮片，固定釦環。

3 上鉤環裝飾布表裡正面相對車合一圈，底部留返口。

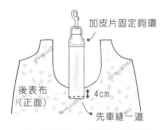

4 上鉤環裝飾布片翻至正面整燙，一端固定於後表布，另一前端加皮片固定鉤環。

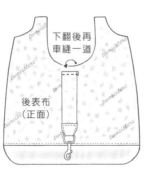

6 後口袋布車縫固定於後表布上。

7 前後表布接縫上方提把，袋身滾出芽。

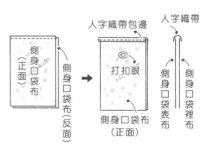

5 後口袋布表裡正面相對車縫上方，翻面後在袋口整燙，其他三邊用人字織帶包邊。

8 側身口袋布表裡背對背車縫袋口，再用人字織帶包邊，打釦眼。

9 依紙型標示位置，將側身口袋布固定於側身表布上，再於側身表布穿環釦。

側身口袋布（正面）

側身表布（正面）

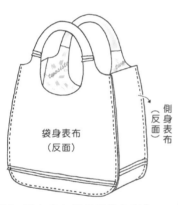

側身表布（反面）

袋底表布（正面）

側身口袋布（正面）⓪

10 兩邊側身表布與袋底表布正面相對車縫，縫份燙開後壓車裝飾線。

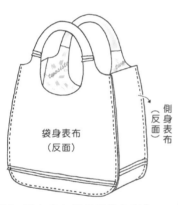

袋身表布（反面）

側身表布（反面）

11 側身表布與前後袋身表布車縫接合。

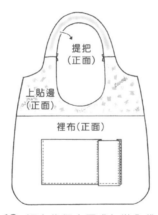

提把（正面）

上貼邊（正面）

裡布（正面）

12 裡布依個人需求加裝內袋，與上貼布、提把布接合。

20cm拉鍊口袋（隱藏式）

袋身裡布（反面）

側身裡布（反面）

13 前後片裡布與側身裡布車縫接合。

↓裡袋身（正面）套入

表袋身（正面）

14 裡布袋身套入表布袋身，背面對背面在袋口處車合一圈。

人字織帶包邊

15 袋口用人字織帶包邊。完成。

賈姬扁包

布料所需尺寸

表布(燙襯)：3尺　裡布：3尺　配布：1尺　滾邊條：4尺　包邊條：3尺

所需配件

問號鉤x1、皮帶釦x1、銅環x1、皮片x2、雞眼釦x4、內袋拉鍊25cm

包款長 / 寬 / 高

寬：43cm　高：33cm

作法▶

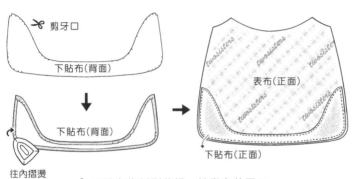

1 下貼布依紙型裁好，轉彎處剪牙口，將布邊往內摺燙，再與前後表布固定貼縫。

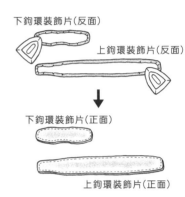

2 上、下鉤環裝飾片依紙型將布邊往內摺燙，轉彎處剪牙口，背面相對沿邊0.2cm車縫一圈。

3 下鉤環裝飾片對折車縫於前表布，固定鉤環。

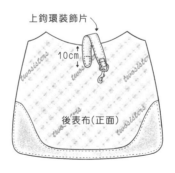

4 上鉤環裝飾片一端固定於後表布，另一前端對折車縫固定鉤環。

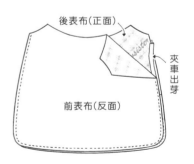

5 前後表布夾車出芽。

6 前後裡布依紙型上方拼接內貼布，依個人需求加裝內袋，正面相對車縫袋身。

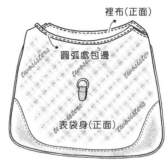

7 裡布袋身套入表布袋身，背面對背面於袋口車合一圈，袋口圓弧處包邊。

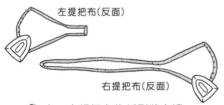

8 左、右提把布依紙型將布邊往內摺燙，轉彎處剪牙口。

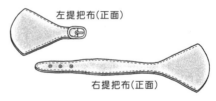

9 背面相對沿邊0.2cm處車縫，左提把打雞眼釦，裝釦環，右提把打雞眼釦。

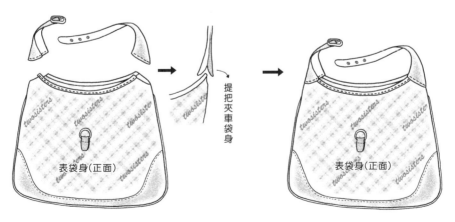

10 提把布夾車袋身固定提把。完成。

愛麗絲希臘束口包

布料所需尺寸

表布(燙襯)：3尺　裡布：2尺　滾邊條：4尺

所需配件

手把60cm　超薄磁釦x1　內袋拉鍊25cm

包款長 / 寬 / 高

底：14cm　寬：50cm　高：34cm

作法▶

1 表底布用人字織帶包綿繩滾出芽一圈，若有需要亦可在適當位置裝上腳釘。

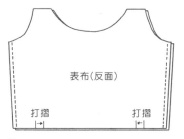

2 在表布底部標示處打摺，前後片表布正面對正面車合兩側。

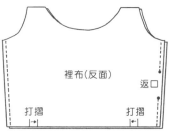

3 裡布袋身依個人需求加裝內袋，上磁釦，在底部標示處打摺，前後片裡布車合，側邊留返口。

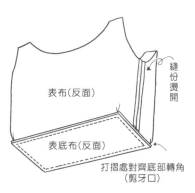

4 表、裡布袋身分別與底部車合，打摺處對齊底部轉角。

5 將裡袋身套入表袋身，正面對正面袋口車合一圈。

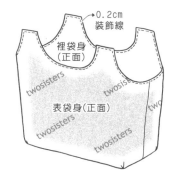

6 從返口處將袋子翻回正面後整燙，袋口0.2cm處車一圈裝飾線，將返口以藏針縫方式縫合。

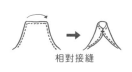

7 先上提把後，再將後側的布相對接縫。完成。

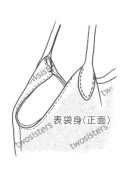

若要製作束口袋，則依照紙型標示位置前後各打4個雞眼，穿皮帶釦。

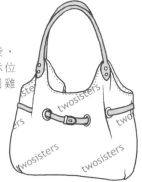

大溪地海龜風情包

布料所需尺寸
表布(燙襯)：2尺　裡布：2尺　配布：1尺　包邊條：11尺

所需配件
皮片釦x1組、夾層拉鍊33cm、內袋拉鍊25cm

包款長 / 寬 / 高
底：13cm　寬：40cm　高：40cm

作法▶

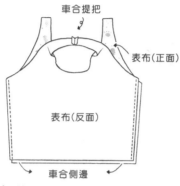

1 前後表布依紙型剪裁燙襯，
正面相對車合側邊及提把。

2 表布袋身與表底布中心點
對齊中心點車合。

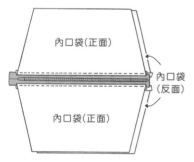

3 製作內口袋。將四片內口
袋布依圖示夾車拉鍊。

4 拉鍊口袋先與一片裡布兩
側對齊，車縫固定。

5 再蓋上另一片裡布兩側
對齊，車縫固定。

6 前後裡布袋身分別與裡底布
中心點對齊中心點車合。

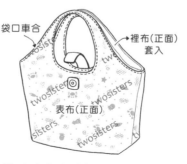

7 表布袋身縫上皮釦，裡布袋
身再套入表布袋身，背面對
背面袋口車合一圈。

8 袋口用人字織帶包邊，提
把頂端用人字織帶綁蝴蝶
結。完成。

花花小扇包

布料所需尺寸

表布(燙襯)：2尺　裡布：2尺　滾邊條：3尺

所需配件

提把、外袋拉鍊56cm、內袋拉鍊25cm、蕾絲90cm

包款長 / 寬 / 高

底：11cm　寬：35cm　高：21cm

· ·

作法▶

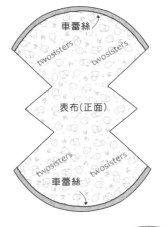

1 表布上方車縫蕾絲。

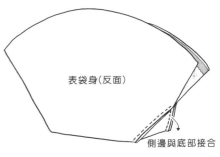

2 前後側邊先與底部依紙型標示位置接合。

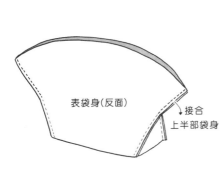

3 接合上半部袋身。

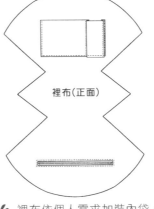

4 裡布依個人需求加裝內袋，同表袋作法接合裡袋身。

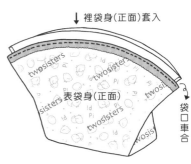

5 裡袋身套入表袋身，上方袋口處車合一圈。

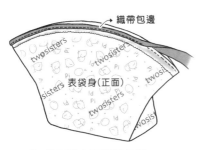

6 袋口用人字織帶包邊。

7 拉鍊布最下方與人字織帶對齊，手縫拉鍊，上提把。完成。

音樂花季扇形包

布料所需尺寸

表布(燙襯)：2尺　裡布：3尺　配布(燙襯)：2尺　包邊條：8尺

所需配件

提把、外袋拉鍊25cmx2條、內袋拉鍊25cm、銅腳釘4顆

包款長 / 寬 / 高

底：16cm　寬：50cm　高：29cm

作法▶

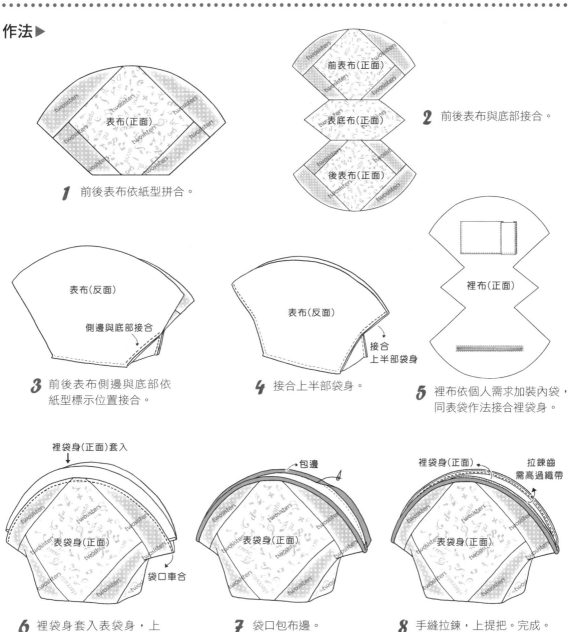

1 前後表布依紙型拼合。

2 前後表布與底部接合。

3 前後表布側邊與底部依紙型標示位置接合。

4 接合上半部袋身。

5 裡布依個人需求加裝內袋，同表袋作法接合裡袋身。

6 裡袋身套入表袋身，上方袋口處車合一圈。

7 袋口包布邊。

8 手縫拉鍊，上提把。完成。

艾瑪多層手提包

布料所需尺寸
表布(燙襯)：3尺　裡布：3尺

所需配件
手把45cm、外袋拉鍊33cm、內袋拉鍊25cm

包款長 / 寬 / 高
底：17cm　寬：36cm　高：22cm

作法▶

1 外口袋表、裡布底部照紙型標示打截角。

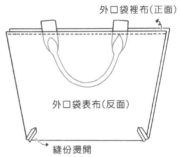

2 外口袋表、裡布正面相對上方夾車提把。

3 翻至正面，袋口壓縫裝飾線。

4 外口袋布與袋身表布對紙型記號，留0.5cm縫份車U字形。後片車法相同。

5 表布側邊與袋身車合。

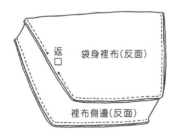

6 裡布依個人需求加裝內袋，組合裡袋身，側邊留一返口。

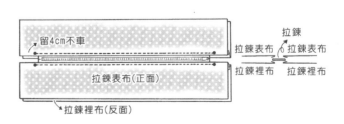

7 製做拉鍊口布，兩邊各留4cm不車。

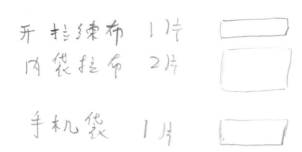

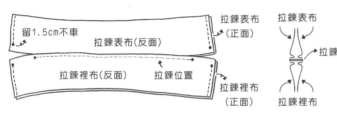

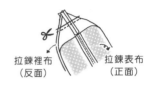

8 拉鍊表布、裡布各自正面相對，夾車拉鍊並縫合兩側。

9 拉鍊表布、裡布對齊密合，車縫打底角。

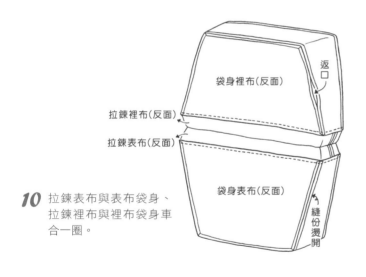

10 拉鍊表布與表布袋身、拉鍊裡布與裡布袋身車合一圈。

11 從返口處翻回正面後整燙，袋口壓線並藏針縫合返口。完成。

輕巧樂活多層袋　PS.收納、分類、方便

布料所需尺寸

前口袋：表布x1/襯布x1/裡布x1　寬38.5cm 長11.5cm　　後拉鍊：表布x1/襯布x1 寬26.5cm 長12.5cm　　配布前後片：表x2/襯x2 寬26.5cmx16cm　配布底部：表布x1/襯布x1 寬26.5cmx5.5cm　裡布：寬26.5cmx長38cmx底寬5.5

所需配件

拉鍊 25cm

包款長 / 寬 / 高

底：5cm、寬：27cm、高：16cm

作法▶

外口袋表布(背面)

外口袋裡布(正面)

1 外口袋布表裡正面相對車縫上側。

38.5cm

外口袋表布(正面)

11.5cm

2 翻面後壓線。

外口袋表布(正面)

3 依圖示摺燙口袋布，並固定在表布A上。

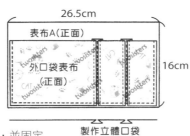

26.5cm

表布A(正面)

外口袋表布(正面)

16cm

製作立體口袋

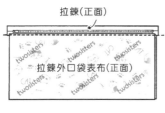

拉鍊(正面)

拉鍊外口袋表布(正面)

5 翻回正面後壓線。

26.5cm
拉鍊外口袋裡布(正面)

拉鍊外口袋表布(背面)

12.5cm

拉鍊(正面)

4 拉鍊外口袋布表裡正面相對夾車拉鍊。

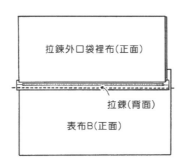

拉鍊外口袋裡布(正面)

拉鍊(背面)

表布B(正面)

6 拉鍊另一邊車縫固定於表布B上。

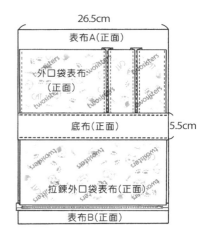

26.5cm

表布A(正面)

外口袋表布(正面)

底布(正面)

5.5cm

拉鍊外口袋表布(正面)

表布B(正面)

7 表布A、B與底布正面相對車縫，縫份倒向底布整燙，車縫壓線。

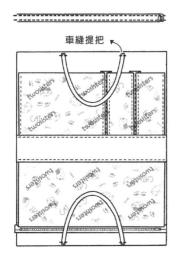

8 以四折法製做提把，並固定於表布袋口。

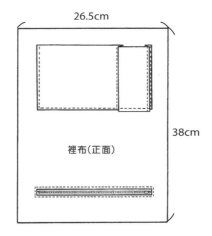

26.5cm

裡布(正面)

38cm

9 裡布依需求製作內袋。

裡布(背面)

表布(正面)

10 裡布與表布正面相對車縫上下方袋口。

壓裝飾線

表布(正面)

11 翻回正面後袋口整燙壓線。

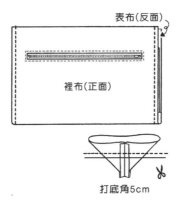

表布(反面)

裡布(正面)

打底角5cm

12 裡布朝外對摺，車縫袋身兩側，打底角5cm。

裡布(正面)

縫份包邊裝飾

13 裡布縫份包邊裝飾，袋口上磁釦。

14 翻至正面整燙。完成。

輕騎馬鞍包

布料所需尺寸

表布(燙襯)：4尺　裡布：4尺　配布：3尺　滾邊條：6尺　包邊條：8尺

所需配件

內袋拉錬20cm、特製皮帶組一組

包款長 / 寬 / 高

底：25cm　寬：34cm　高：30cm

作法▶

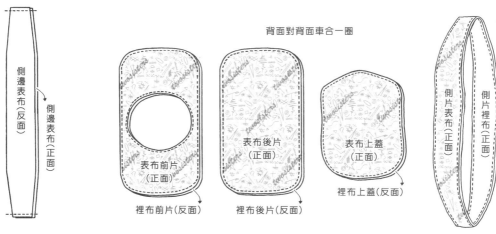

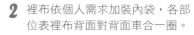

背面對背面車合一圈

側邊表布(反面)　側邊表布(正面)

表布前片(正面)　裡布前片(反面)

表布後片(正面)　裡布後片(反面)

表布上蓋(正面)　裡布上蓋(反面)

側片表布(正面)　側片裡布(正面)

1 側片表裡布依紙型裁成一長條，燙襯後如圖表裡布各自接合成一環形。

2 裡布依個人需求加裝內袋，各部位表裡布背面對背面車合一圈。

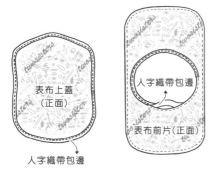

表布上蓋(正面)

人字織帶包邊

人字織帶包邊

表布前片(正面)

包繩出芽

3 前片中間及上蓋四周用人字織帶包邊。

側片表布(正面)

4 側片兩側壓出芽。

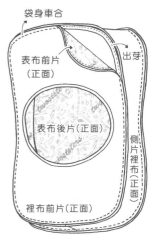

袋身車合

出芽

表布前片(正面)

表布後片(正面)

側片裡布(正面)

裡布前片(正面)

5 將前片、後片與側片接合。

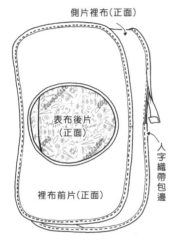

側片裡布(正面)

表布後片
(正面)

裡布前片(正面)

人字織帶包邊

出芽

裡布後片
(正面)

表布前片(正面)

6 內部接合處以人字織帶包邊。

7 翻回正面後整燙。

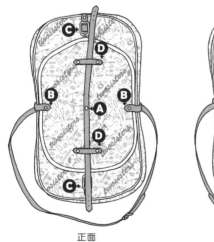

C

D

B

B

A

D

C

正面

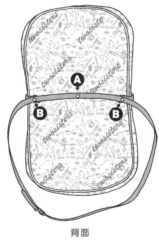

A

B

B

背面

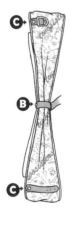

C

B

C

側面

8 上五金：A 包包正中間用釘釦穿過袋身固定前後皮帶、上蓋與袋身。
　　　　　B 用釘釦固定兩側。
　　　　　C 前片袋身上下及側片兩側加皮帶釦。
　　　　　D 上蓋釘上皮帶與裝飾配件。
　　　完成。

享樂波士頓包

布料所需尺寸

表布(燙襯)：4尺　裡布：4尺　滾邊條：6尺

所需配件

外帶拉鍊43cm、內袋拉鍊33cm、銅腳釘6顆、橢圓環x4、3cm寬織帶x5尺

包款長 / 寬 / 高

底：24cm　寬：43cm　高：31.5cm

作法▶

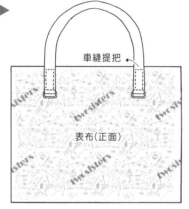

1 前後表布袋身車縫提把。

2 前後表布接縫表布袋底。

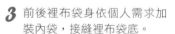

3 前後裡布袋身依個人需求加裝內袋，接縫裡布袋底。

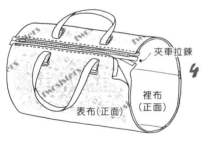

4 表裡布夾車拉鍊，翻回正面後壓線。

5 側片表布滾出芽，與側片裡布背對背疏縫固定。

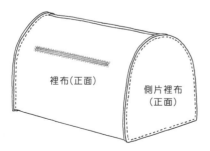

6 接合袋身與側片。

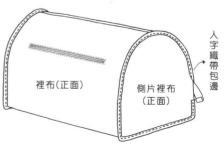

7 內部接合處用人字織帶包邊修飾，翻回正面。完成。

花花束朵托特包

布料所需尺寸

表布(燙襯)：33x23cmx2片　表底布(燙襯)：19x14cmx1片

內貼布：33x4cmx2片　裡布：33x19cmx2片　裡底布：19x14cmx1片

所需配件

提把、內袋拉鍊25cm

包款長 / 寬 / 高

底：12cm　寬：42cm　高：30cm

作法▶

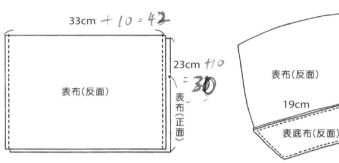
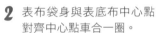

1 前後表布正面相對車合側邊。

2 表布袋身與表底布中心點對齊中心點車合一圈。

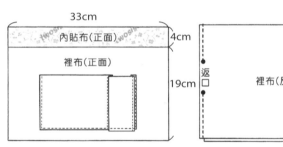

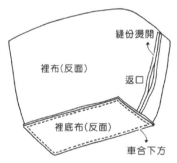

3 前後裡布上方接合內貼布，依個人需求加裝內袋。

4 裡布正面相對車合左右兩側，側邊留返口。

5 前後裡布袋身與裡底布中心點對齊中心點車合一圈。

6 裡袋身套入表袋身，正面相對於袋口處車合一圈。

7 從返口處將袋子翻至正面，返口以藏針縫方式縫合，整燙後於袋口0.2cm處車一圈裝飾線，上提把。完成。

Y字風托特包

布料所需尺寸

表布(燙襯)：35.5x39cmx2片　裡布：35.5x31cmx2片　圖案布：2尺

所需配件

提把75cmx2條、雙面銅雞眼釦x4顆

包款長 / 寬 / 高

底：11cm　寬：36cm　高：29cm

作法▶

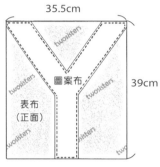

1 前表布壓車圖案布。

2 前後表布正面相對在下方車合。

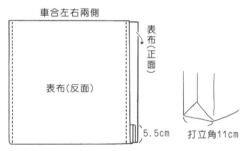

3 底部打立角11cm，車合兩側。

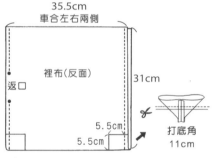

4 裡布依個人需求加裝內袋，車合左右兩側，打底角11cm，側邊須留返口。

5 裡袋身套入表袋身，正面相對在袋口處車合一圈。

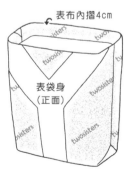

6 從返口處將袋子翻回正面後，表布內摺4cm整燙，將返口以藏針縫方式縫合。

7 打雞眼釦，上提把。完成。

三宅托特包

布料所需尺寸

表布(燙襯)：40x40cmx2片　裡布：40x68cmx1片　配布(燙襯)：40x28cmx1片

所需配件

提把、內袋拉鍊20cm、皮片釦x2組

包款長 / 寬 / 高

底：14cm　寬：40cm　高：38cm

作法▶

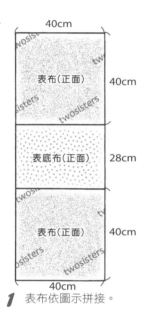

40cm

表布(正面)　40cm

表底布(正面)　28cm

表布(正面)　40cm

40cm

1 表布依圖示拼接。

車合左右兩側

表布(反面)

表布(正面)

5cm

5cm

打底角10cm

2 表布正面相對，車合左右兩側，打底角10cm。

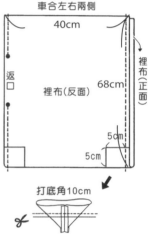

車合左右兩側

40cm

返口

裡布(反面)　68cm

裡布(正面)

5cm

5cm

打底角10cm

3 裡布依個人需求加裝內袋，同表布方式接合袋身，側邊須留返口。

↓裡袋身(正面)套入

表袋身(反面)

4 裡袋身套入表袋身，正面對正面在袋口處車合一圈。

表布內摺10cm

表袋身(正面)

5 從返口處將袋子翻至正面，表布往內摺10cm，整燙後在袋口0.2cm處車一圈裝飾線，將返口以藏針縫方式縫合。

6 側邊釘皮帶釦，袋口上提把。完成。

字母小熊托特包

布料所需尺寸

表布(燙襯)：33.5x40cmx2　裡布：73x40cmx1片　配布(燙襯)：18x40cmx1片

所需配件

提把、內袋拉鍊25cm

包款長 / 寬 / 高

底：11cm　寬：40cm　高：34cm

作法▶

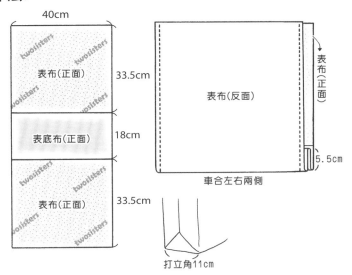

1 表布依圖示拼接。

2 表布正面相對，底部打立角11cm，車合兩側。

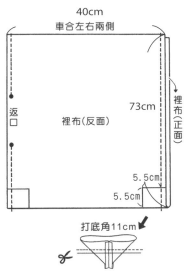

3 裡布依個人需求加裝內袋，車合左右兩側，打底角11cm，側邊須留返口。

4 裡袋身套入表袋身，正面相對在袋口處車合一圈。

5 從返口處將袋子翻回正面後，表布內摺3cm整燙，袋口0.2cm處車一圈裝飾線，將返口以藏針縫方式縫合。

6 上提把。完成。

英倫風兩用包

布料所需尺寸

表布(燙襯)：4尺　裡布：4尺　配布：2尺　滾邊條：8尺　包邊條：8尺

所需配件

表提把45cm、皮片釦x1、後片拉鍊25cm、內袋拉鍊20cm、側邊皮片x2
橢圓銅環x2、斜背提把x1

包款長 / 寬 / 高

底：13cm　寬：35cm　高：35cm

作法▶

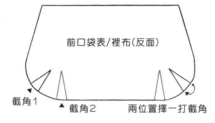

1 前口袋表裡布下方依照紙型
標示分別打截角。

2 縫份燙開後壓線。

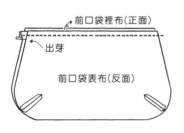

3 前口袋表裡布上方夾車出芽。

4 前口袋翻至正面後整燙壓線，
與前表布車合。

5 後口袋上、下表布依圖
示壓車裝飾布。

6 後口袋布與口袋裡布夾車
拉鍊。

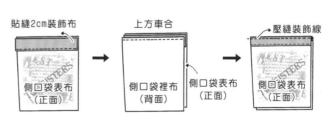

7 側口袋表布壓車貼縫2cm裝飾布，
並與裡布正面對正面上方車合，
翻回正面後壓縫裝飾線。

車合口袋

8 兩邊的側口袋貼縫於表側身。

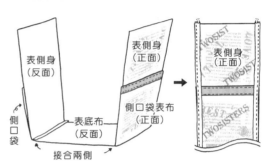

接合兩側

9 表側身布接合底表布，兩側壓出芽。

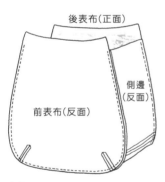

後表布(正面)

側邊(反面)

前表布(反面)

10 將表側身與底布接合前後表布，完成表布袋身。

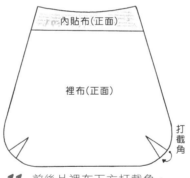

內貼布(正面)

裡布(正面)

打截角

11 前後片裡布下方打截角，上方接合內貼布，並依需求加裝內袋。

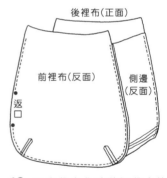

後裡布(正面)

前裡布(反面)

側邊(反面)

返口

12 同表袋身作法將裡袋身接合，側邊須留返口。

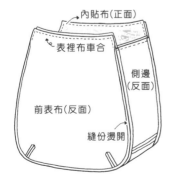

內貼布(正面)

表裡布車合

側邊(反面)

前表布(反面)

縫份燙開

13 裡布袋身套入表布袋身，正面對正面在袋口車合一圈。

14 從返口處將袋子翻至正面整燙，袋口0.2cm處車一圈裝飾線，將返口以藏針縫方式縫合。

15 側邊打四合釦，袋口釘上提把。完成。

若山防水托特包

布料所需尺寸

表布(燙襯)：4尺　裡布：4尺　滾邊條：8尺　包邊條：12尺

所需配件

轉釦x1、拉鍊25cmx1、提把60cmx1

包款長 / 寬 / 高

底：13cm　寬：33cm　高：34cm

作法▶

1 口袋蓋布依紙型剪裁，表裡正面相對車縫上方，翻面後壓線。

2 另外三邊包邊。

3 口袋蓋布依紙型標示車縫固定於前表布，另於前表布車縫假口袋身。

4 袋蓋及袋身分別打釦眼與環釦。

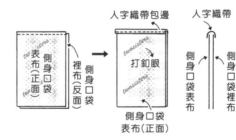

5 側身口袋布表裡背對背車縫袋口，再用人字織帶包邊，打釦眼。

6 依紙型標示位置，將側身口袋固定於側身表布上，再於側身表布穿環釦。

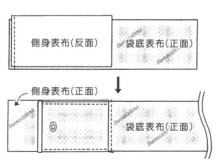

7 兩邊側身表布與袋底表布正面相對車縫接合，縫份倒向底部，正面壓車兩道裝飾線。

8 側身裡布同表布作法，與袋底裡布正面相對車縫，縫份倒向底部，正面壓車兩道裝飾線。

9 製做拉鍊口袋。前片上下貼布表裡夾車拉鍊。

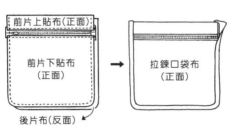

10 與後片布依圖示車縫一圈，三邊包邊。

11 拉鍊口袋布疏縫固定於裡布上方中間。

12 各部位表裡布背面對背面車縫固定。

13 前、後片表布依圖示滾出芽。

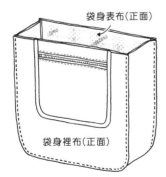

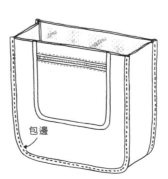

14 裡布朝外，側身布與前後袋身接合。

15 縫份用人織帶包邊。

16 翻回正面，袋口包邊，固定提把。完成。

好康訊息~就愛手作包達人們！

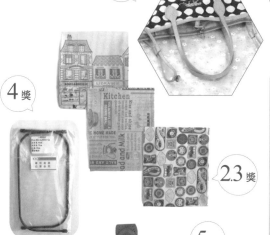

國家圖書館出版品預行 編目 (CIP) 資料

就愛100% 經典時尚手作包 / 二嫂的店作. -- 初版.
-- 臺北縣中和市 : 教育之友文化 , 2011.01
　　面；　公分 . -- (布好玩；6)
ISBN 978-986-6360-39-8 (平裝)

1. 手提袋 2. 手工藝

426.7　　　　　　　　　　　　99024804

布好玩 06

就愛 100% 經典時尚手作包

作　　　者 / 二嫂的店

攝　　　影 / 林宗億

總 編 輯 / 彭文富

編　　　輯 / 邱文卿、小薇

執行編輯 / 王義馨

美編設計 / 洸譜創意設計股份有限公司

步驟繪圖 / 星亞

出 版 者 / 教育之友文化

地　　　址 / 新北市中和區中山路 2 段 530 號 6 樓之 1

電　　　話 / (02) 2222-7270 · 傳真 / (02) 2222-1270

發 行 人 / 彭文富

劃撥帳號 / 18746459 · 戶名 / 大樹林出版社

總 經 銷 / 朝日文化事業有限公司

地　　　址 / 新北市中和區橋安街 15 巷 1 號 7 樓

電　　　話 / (02) 2249 - 7714 · 傳真 / (02) 2249 - 8715

再　　　版 / 七刷 / 2011 年 08 月

定價：380 元　　ISBN / 978-986-6360-39-8

ΣB 教育之友文化
ooks　Education Book Press

手作材料好禮大放送

感謝您購買教育之友文化的圖書，請您仔細填寫以下的相關個人資料，也非常歡迎您給我們的建議與批評，讓讀者滿意是我們持續努力的目標。

回函請於 2011 年 3 月31日前寄回，就有機會獲得好用材料，中獎名單將於 2011 年 4 月15 號公布於本社網站（guidebook.com.tw）並以電子郵件或電話方式通知得獎者。

★個人資料 Personal Information

姓　　　名：＿＿＿＿＿＿＿

性　　　別：□女　　　□男　　　年齡＿＿＿＿歲

出生日期：＿＿月＿＿日　　　職　　業：□家管　□上班族　□學生　□其他＿＿＿＿＿＿＿

手作經歷：□半年以內　□一年以內　□三年以內　□三年以上

聯繫電話（H）＿＿＿＿＿＿＿＿＿（O）＿＿＿＿＿＿＿＿＿（手機）＿＿＿＿＿＿＿

通訊地址：郵遞區號□□□□□＿＿＿＿＿＿＿＿＿＿＿＿＿＿＿＿

E-Mail：＿＿＿＿＿＿＿＿＿＿＿＿＿＿＿＿＿＿＿

1. 您從何處購得本書？

實體書店（□金石堂　□誠品　□其他＿＿＿＿＿＿＿＿＿）

網路書店（□博客來　□金石堂　□誠品　□其他＿＿＿＿＿＿）

量 販 店（□家樂福　□大潤發　□愛買　□COSCO　□其他＿＿＿＿＿＿）

2. 封面設計整體感覺如何？

□很好　□還可以　□有待改進＿＿＿＿＿＿＿＿＿＿＿＿＿＿＿

3. 購買本書的原因（可複選）？

□作者　□內容　□定價　□設計　□出版社　□贈品　□其他＿＿＿＿＿＿

4. 您最喜歡的作品有哪些？

5. 您不喜歡的作品與原因？

名稱：＿＿＿＿＿＿＿＿＿　原因：＿＿＿＿＿＿＿＿＿

6. 示範作品的難易程度對您而言？

□適中　□簡單　□太難

7. 希望以後可以介紹的內容與建議？

8. 是否有想要推薦的朋友或老師？

姓名：＿＿＿＿＿＿＿＿＿　連絡電話：＿＿＿＿＿＿＿＿＿

網站 / 部落格：＿＿＿＿＿＿＿＿＿＿＿＿＿＿＿＿＿

9. 自己最喜歡的 3 本手作書書名？

10. 拼布喜好：

□手縫　□機縫　□二者都愛

11. 家中有無縫紉機：

□ 有　　□ 無

 教育之友文化有限公司　編輯部 收
235新北市中和區中山路二段530號6樓之一

紙型A(正面)

18 小巴黎四方包　4片

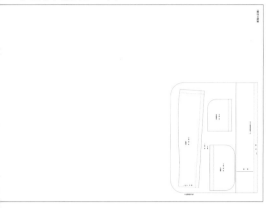

20 肩背南瓜包　5片

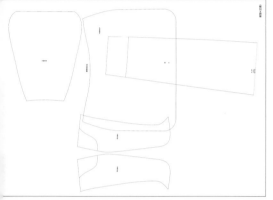

51 享樂波士頓包　3片

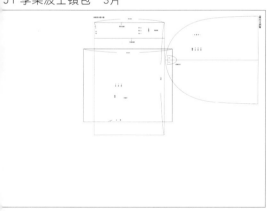

66 若山防水托特包　6片

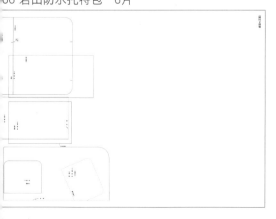

紙型A(反面)

P. 16 騎士雙口包　9片

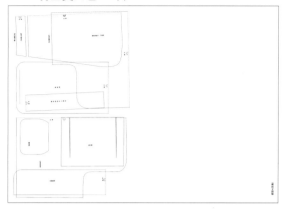

P. 28 賈姬扁包　8片

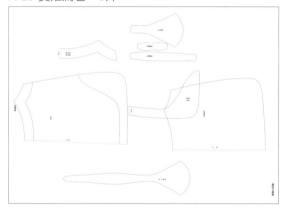

P. 36 大溪地海龜風情包　4片

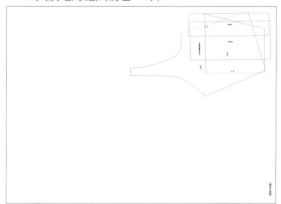

P. 41 散步手提包　4片

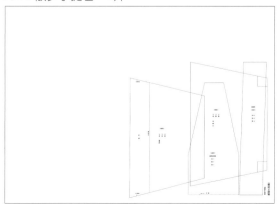

紙型B(正面)

P.22 柏金掀蓋包　5片

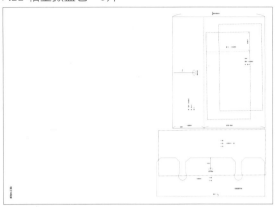

P.24 品味柏爵包　11片

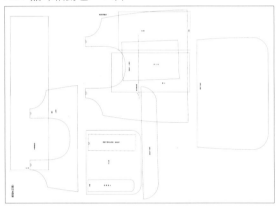

P.49 酷酷馬鞍包　5片

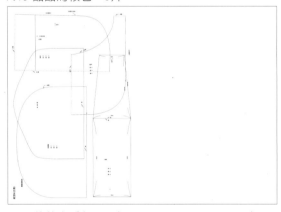

P.38 花花小扇包　1片

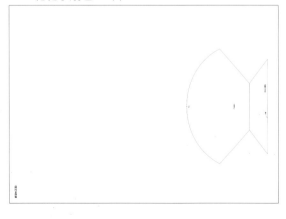

紙型B(反面)

P.31 愛麗絲希臘束口包　4片

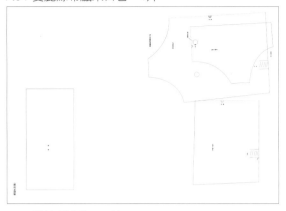

P.40 微笑肩背包　6片

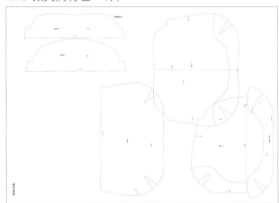

P.62 小婦人二用包　9片

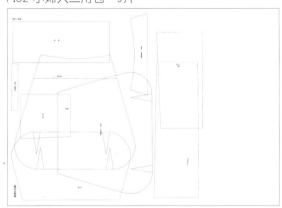

註：

紙型A（正面）-P.18肩背南瓜包〈含縫份〉-P.51享樂波士頓包
　　　　〈含縫份〉-其它兩款未含縫份

紙型A（反面）-P.41散布手提包〈含縫份〉-其它三款未含縫份

紙型B（正面）-三款都未含縫份

紙型B（反面）-P.31愛麗絲希臘束口包〈含縫份〉-其它兩款未
　　　　含縫份